U0347827

家装我做主

卧室设计与材料 施工详解

《卧室设计与材料 施工详解》编写组 编

配　　文：吴晓东　齐海梅

图片提供：徐宾宾　欧阳云　黄子平　邹筠娟　李　斌

　　　　　张　玄　贾春萍　王　琪　罗玉婷　易　蔷

海峡出版发行集团 | 福建科学技术出版社
THE STRAITS PUBLISHING & DISTRIBUTING GROUP | FUJIAN SCIENCE & TECHNOLOGY PUBLISHING HOUSE

图书在版编目（CIP）数据

卧室设计与材料施工详解 /《卧室设计与材料施工详解》编写组编. —福州 : 福建科学技术出版社，2013.7

（家装我做主）

ISBN 978-7-5335-4306-8

Ⅰ. ①卧… Ⅱ. ①卧… Ⅲ. ①卧室 – 室内装饰设计② 卧室 – 室内装修 – 装修材料 Ⅳ. ①TU241②TU56

中国版本图书馆CIP数据核字(2013)第124451号

书　　名	卧室设计与材料 施工详解	
编　　者	《卧室设计与材料 施工详解》编写组	
出版发行	海峡出版发行集团	
	福建科学技术出版社	
社　　址	福州市东水路76号（邮编350001）	
网　　址	www.fjstp.com	
经　　销	福建新华发行（集团）有限责任公司	
印　　刷	福建彩色印刷有限公司	
开　　本	889毫米×1194毫米　1/16	
印　　张	6	
图　　文	96码	
版　　次	2013年7月第1版	
印　　次	2013年7月第1次印刷	
书　　号	ISBN 978-7-5335-4306-8	
定　　价	29.80元	

书中如有印装质量问题，可直接向本社调换

Preface
写在前面

　　如今装修新居，人们更注重追求时尚和个性，因此，总要千方百计地寻找可资借鉴的家装设计资料作参考，以便更好地打造自己的家居风格。为了满足广大读者的需求，我们从全国各地优秀设计师最新设计的家居设计作品中，精选出一批优秀的家居设计作品，编成了"家装我做主"丛书。本套丛书内容紧跟时代流行趋势，注重家居的个性化，并根据客厅、餐厅、卧室、玄关、过道等功能空间分册，以实景照片的形式展示了设计实例，以满足广大读者不同的需求，选择适合自己风格的设计方案，打造理想的家居环境。

　　本套丛书的最大特点是，除了提供读者相关的家居设计实景照片外，还介绍了这些实例的材料和主要墙面的施工要点，以便广大读者在选择适合自己的家装方案的同时，能了解方案中所运用的材料和施工要点等。

　　我们真诚希望，本套丛书能为广大追求理想家居的人们，特别是准备购买和装修家居的人们提供有益的借鉴，也希望能为从事室内装饰设计的人员和有关院校的师生提供参考。

编者

2013 年 6 月

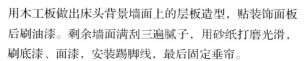

用木工板做出床头背景墙面上的层板造型，贴装饰面板后刷油漆。剩余墙面满刮三遍腻子，用砂纸打磨光滑，刷底漆、面漆，安装踢脚线，最后固定垂帘。

主要材料：①白色乳胶漆 ②玻化砖 ③橡木饰面板

床头背景墙面先用水泥砂浆找平，后满刮腻子，用砂纸打磨光滑，刷一层基膜，用环保白乳胶配合专业壁纸粉将壁纸固定在墙面上，安装踢脚线，固定装饰窗帘。

主要材料：①壁纸 ②复合实木地板 ③白色乳胶漆

床头背景墙面用水泥砂浆找平，用木工板做出床头柜，贴装饰面板后刷油漆。剩余墙面用木工板打底，用气钉将软包固定在底板上，用粘贴固定的方式将镜面玻璃固定在底板上，用密封胶密封。

主要材料：①软包 ②镜面玻璃 ③复合实木地板

床头背景墙面用水泥砂浆找平，整个墙面防潮处理后用木工板打底，将订制的玻璃分块固定在底板上。
主要材料：①烤漆玻璃 ②白色乳胶漆 ③钢化玻璃

用木工板做出电视柜造型，剩余墙面贴装饰面板后刷油漆。用木工板打底，用气钉及万能胶固定绒面软包，以不锈钢线条收边。
主要材料：①软包 ②有色乳胶漆 ③白色乳胶漆

背景墙面用水泥砂浆找平，满刮腻子，用砂纸打磨光滑，刷底漆、面漆。最后安装实木踢脚线，将成品屏风靠在墙面上。
主要材料：①白色乳胶漆 ②复合实木地板 ③实木踢脚线

床头背景墙面用水泥砂浆找平，用硅酸钙板及木工板做出图中造型，整个墙面满刮三遍腻子，用砂纸打磨光滑，刷底漆、面漆。
主要材料：①白色乳胶漆 ②水曲柳饰面板刷白处理

床头背景墙面用水泥砂浆找平，满刮三遍腻子，用砂纸打磨光滑，刷底漆、面漆，将定制的木饰面及条纹板固定在墙面上。

主要材料：①复合实木地板 ②有色乳胶漆 ③泰柚木饰面板

床头背景墙面用水泥砂浆找平，整个墙面满刮腻子，用砂纸打磨光滑，刷一层基膜后贴壁纸，剩余墙面刷底漆、面漆，最后安装实木踢脚线。

主要材料：①壁纸 ②白色乳胶漆 ③复合实木地板

背景墙面用水泥砂浆找平，满刮腻子，用砂纸打磨光滑，刷底漆、有色面漆，安装踢脚线。有色乳胶漆需要色卡选样。

主要材料：①复合实木地板 ②有色乳胶漆 ③白色乳胶漆

背景墙面用水泥砂浆找平，满刮腻子，用砂纸打磨光滑，刷底漆、有色面漆，将订制的通花板用螺钉及万能胶固定在墙面上。

主要材料：①通花板 ②有色乳胶漆 ③复合实木地板

床头背景墙两侧用木工板打底，中间墙面满刮腻子，用砂纸打磨光滑，刷一层基膜后贴壁纸。用粘贴固定的方式将银镜固定在底板上，再将订制的通花板固定在墙面上。

主要材料：①壁纸 ②银镜 ③复合实木地板

床头背景墙面用水泥沙浆找平，墙面防潮处理后用木工板打底，用气钉及万能胶固定软包，最后固定两侧的三氯氰胺板。

主要材料：①软包 ②三氯氰胺板 ③镜面玻璃

床头背景墙面用水泥砂浆找平，两侧用木工板打底，剩余墙面满刮腻子，用砂纸打磨光滑，刷底漆、面漆。用粘贴固定的方式将茶镜固定在底板上，用密封胶密封，将订制的帷幔固定在墙上。

主要材料：①茶镜 ②帷幔 ③钢化玻璃

床头背景墙面用水泥砂浆找平，软包基层用木工板打底。剩余墙面满刮腻子，用砂纸打磨光滑，刷一层基膜后贴壁纸，将订制的线条固定在墙面上。用气钉及万能胶将成品软包固定在底板上。

主要材料：①软包　②壁纸　③复合实木地板

电视柜背景墙面用成品的隔断代替，用螺钉将其固定在地板上，或是直接摆放在适当的位置，便于以后移动。

主要材料：①复合实木地板　②壁纸　③白色乳胶漆

床头背景墙面用水泥砂浆找平，软包、镜子基层用木工板打底，用木工板做出收边线条，贴装饰面板后刷油漆。用气钉及万能胶将订制的软包固定在底板上。用粘贴的方式将茶镜固定在剩余底板上。

主要材料：①软包　②茶镜　③白色乳胶漆

床头背景墙面用水泥砂浆找平，用木工板及硅酸钙板做出灯槽结构。剩余墙面满刮三遍腻子，用砂纸打磨光滑，刷底漆、面漆，安装踢脚线。固定通花板及装饰画。

主要材料：①白色乳胶漆　②复合实木地板　③通花板

电视背景墙面用水泥砂浆找平，将成品石膏线条固定在顶部。剩余墙面满刮腻子，用砂纸打磨光滑，刷底漆、有色面漆。最后安装实木踢脚线。

主要材料：①白色乳胶漆　②有色乳胶漆　③实木踢脚线

床头背景墙面用水泥砂浆找平，整个墙面满刮腻子，用砂纸打磨光滑，刷一层基膜，贴壁纸，最后安装实木踢脚线。

主要材料：①壁纸　②有色乳胶漆

电视背景墙面用水泥砂浆找平，整个面满刮三遍腻子，用砂纸打磨光滑，刷底漆、有色面漆，最后安装实木踢脚线。将订制的屏风放置在背景墙前面。

主要材料：①白色乳胶漆　②实木踢脚线　③屏风

床头背景墙面用水泥砂浆找平，整个墙面用木工板打底，用粘贴的方式将茶镜固定在底板上，完工后用硅酮密封胶密封。将帷幔固定在吊顶上，将订制的拱形通花板固定在墙面上。

主要材料：①壁纸 ②茶镜 ③通花板

床头背景墙面用木工板打底，两侧贴装饰面板，刷油漆。用气钉及万能胶将定制的软包固定在中间底板上。

主要材料：①软包 ②柚木饰面板 ③复合实木地板

背景墙面用水泥砂浆找平，部分墙面用木工板打底并以木线条隔出造型，贴装饰面板后刷油漆。软包基层用木工板打底。剩余墙面满刮腻子，用砂纸打磨光滑，刷一层基膜后贴壁纸。用气钉及万能胶将软包分块固定在底板上。

主要材料：①壁纸 ②软包 ③复合实木地板

电视背景墙面用水泥砂浆找平，用木工板做出收边线条及柱状造型，贴装饰面板后刷油漆。剩余墙面满刮三遍腻子，用砂纸打磨光滑，刷底漆、面漆，固定磨砂玻璃。

主要材料：①实木地板 ②磨砂玻璃 ③红橡木饰面板

背景墙面满刮三遍腻子，用砂纸打磨光滑，刷底漆、面漆，安装实木踢脚线。用丙烯颜料将图案手绘到墙面上。

主要材料：①灰镜　②白橡木饰面板　③丙烯颜料图案

卧室床头背景墙面用水泥砂浆找平，整个墙面用木工板打底，用气钉及万能胶将订制的软包固定在底板上，固定不锈钢收边线条。

主要材料：①软包　②壁纸　③不锈钢条

床头背景墙面用水泥砂浆找平，整个墙面用木工板打底，用气钉及万能胶将定制的软包分块固定在底板上。

主要材料：①软包　②装饰画

用木工板做出床头背景墙面上的层板造型，贴装饰面板后刷油漆。用硅酸钙板做出墙面上的凹凸造型，用气钉和万能胶将硬包固定。

主要材料：①白色乳胶漆　②复合实木地板　③硬包

床头背景墙面用壁纸和软包装饰，软包基层用木工板打底。剩余墙面满刮腻子，用砂纸打磨光滑，刷一层基膜后贴壁纸。用气钉及万能胶将订制的软包固定在底板上。

主要材料：①复合实木地板　②条纹壁纸　③软包

电视背景墙面用水泥砂浆找平，用木工板做出墙面上的造型，贴装饰面板，刷红色油漆。剩余墙面满刮腻子，用砂纸打磨光滑，刷底漆、面漆。最后安装踢脚线。

主要材料：①白色乳胶漆　②复合实木地板　③实木踢脚线

床头背景墙面用水泥砂浆找平，墙面满刮三遍腻子，用砂纸打磨光滑，将订制的成品窗套固定在墙面上。其余墙面刷一层基膜，用环保白乳胶配合专业壁纸粉将壁纸固定在墙面上。

主要材料：①壁纸 ②白色乳胶漆 ③复合实木地板

床头背景墙用硅酸钙板做出凹凸弧形造型。整个墙面满刮三遍腻子，用砂纸打磨光滑，刷底漆、面漆，安装实木踢脚线。

主要材料：①白色乳胶漆 ②复合实木地板 ③实木踢脚线

床头背景墙面用水泥砂浆找平，用木工板打底，用粘贴固定的方式将茶镜固定在底板上，完工后用密封胶密封。最后固定成品通花板。

主要材料：①壁纸 ②茶镜 ③白色乳胶漆

用硅酸钙板做出卧室床头背景墙面上的凹凸造型。整个墙面满刮腻子，用砂纸打磨光滑，刷一层基膜后贴壁纸，最后安装实木踢脚线。将订制的花格屏风放在背景墙前两侧。

主要材料：①壁纸 ②白色乳胶漆 ③订制屏风

床头背景墙面用水泥砂浆找平，满刮三遍腻子，用砂纸打磨光滑，固定成品窗套，刷底漆、面漆。部分墙面刷一层基膜，用环保白乳胶配合专业壁纸粉将壁纸固定在墙面上。最后安装踢脚线。

主要材料：①壁纸 ②实木线条

用木工板做出床头背景墙面上的凹凸造型，下部墙面贴装饰面板后刷油漆。剩余墙面满刮三遍腻子，用砂纸打磨光滑，刷一层基膜后贴壁纸。

主要材料：①壁纸 ②白色乳胶漆 ③白橡木饰面板

床头背景墙面用木工板做出凹凸造型及灯槽结构。剩余墙面满刮三遍腻子，用砂纸打磨光滑，刷一层基膜，用环保白乳胶配合专业壁纸粉将壁纸固定在墙面上。用螺钉固定成品木花格。

主要材料：①壁纸 ②白色乳胶漆 ③成品木花格

用木工板及硅酸钙板做出床头背景墙面上的灯槽结构，下部用木工板打底，剩余墙面满刮三遍腻子，用砂纸打磨光滑，刷底漆、有色面漆。用胶水将订制的亚克力板固定在下部墙面上。

主要材料：①有色乳胶漆　②复合实木地板　③亚克力板

床头背景墙面用木工板打底，用气钉及万能胶将订制的软包固定在底板上，以实木线条收边。用粘贴固定的方式将茶镜固定在剩余底板上，用密封胶密封。

主要材料：①软包　②茶镜　③实木线条

床头背景墙面满刮三遍腻子，用砂纸打磨光滑，刷一层基膜，用环保白乳胶配合专业壁纸粉将壁纸固定在墙面上，最后安装踢脚线。

主要材料：①壁纸　②白色乳胶漆　③黑镜

卧室床头背景墙面用木工板打底，将实木线条固定在底板上，贴装饰面板后刷油漆。用粘贴固定的方式将银镜固定在剩余底板上，完工后用密封胶密封。

主要材料：①银镜　②白色乳胶漆　③实木线条

床头背景墙面用水泥砂浆找平，用硅酸钙板做出造型。整个墙面满刮腻子，刷底漆、面漆。贴壁纸的墙面刷一层基膜，用环保白乳胶配合专业壁纸粉进行施工。

主要材料：①白色乳胶漆 ②壁纸 ③复合实木地板

用硅酸钙板做出凹凸造型，镜子基层用木工板打底。剩余墙面满刮三遍腻子，用砂纸打磨光滑，刷底漆、有色面漆。用玻璃胶将银镜固定在剩余底板上。

主要材料：①银镜 ②有色乳胶漆 ③白色乳胶漆

床头背景墙面用水泥砂浆找平，软包基层用木工板打底。剩余墙面满刮腻子，用砂纸打磨光滑，刷一层基膜后贴壁纸。用气钉及万能胶将订制的软包固定在底板上，以成品木线条收边。

主要材料：①壁纸、②软包、③成品木线条

用木工板做出床头背景墙面上的流线型层板造型。贴镜子的基层用木工板打底。剩余墙面及层板满刮腻子，用砂纸打磨光滑，刷底漆、面漆，刷一层基膜后贴壁纸。用粘贴固定的方式将银镜固定在底板上。

主要材料：①银镜 ②条纹壁纸 ③复合实木地板

床头背景墙面用水泥砂浆找平，整个墙面满刮腻子，用砂纸打磨光滑，刷一层基膜，用环保白乳胶配合专业壁纸粉将壁纸固定在墙面上，最后安装实木踢脚线。

主要材料：①壁纸　②白色乳胶漆③复合实木地板

床头背景墙面用水泥砂浆找平，整个墙面满刮腻子，用砂纸打磨光滑。将成品实木线条固定在墙面上，墙面刷一层基膜后贴壁纸，安装实木踢脚线。

主要材料：①壁纸　②实木踢脚线③实木线混油

床头背景墙面用水泥砂浆找平，部分墙面用硅酸钙板离缝拼贴。用木工板做出层板造型，贴装饰面板后刷油漆。剩余墙面满刮腻子，用砂纸打磨光滑，刷一层基膜后贴壁纸。

主要材料：①壁纸　②白橡木饰面板

卧室设计与材料 施工详解

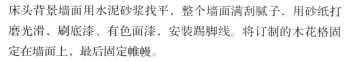

床头背景墙面用水泥砂浆找平，整个墙面满刮腻子，用砂纸打磨光滑，刷底漆、有色面漆，安装踢脚线。将订制的木花格固定在墙面上，最后固定帷幔。

主要材料：①有色乳胶漆　②成品木花格　③白色乳胶漆

床头背景墙面用水泥砂浆找平，整个墙面满刮三遍腻子，用砂纸打磨光滑，刷底漆、有色面漆。最后安装踢脚线。

主要材料：①白色乳胶漆　②有色乳胶漆　③复合实木地板

床头背景墙面用水泥砂浆找平并防潮处理，整个墙面用木工板打底，用气钉将绿可板固定在底板上。用粘贴固定的方式将银镜分块固定在剩余底板上。

主要材料：①白色乳胶漆　②银镜　③绿可板

床头背景墙面用水泥砂浆找平，将订制的弧形造型的板材固定在墙面上，剩余墙面满刮三遍腻子，用砂纸打磨光滑，刷一层基膜后贴壁纸。

主要材料：①壁纸　②白色乳胶漆　③实木地板

床头背景墙面用水泥砂浆找平，整个墙面用木工板打底，中间墙面贴装饰面板后刷油漆，以不锈钢条收边。清洁干净两侧的底板，用粘贴固定的方式将银镜固定在底板上，用密封胶密封。

主要材料：①壁纸　②银镜　③泰柚木饰面板

床头背景墙面用水泥砂浆找平，部分墙面用木工板打底，用粘贴的方式固定镜面；剩余墙面满刮三遍腻子，刷底漆。将通花板固定在墙面上，刷有色面漆。

主要材料：①复合实木地板　②有色乳胶漆　③镜面

按设计图在墙面上弹线，用硅酸钙板做出卧室背景墙面与吊顶相连的弧形结构。整个墙面满刮腻子，用砂纸打磨光滑，刷底漆、面漆。安装实木踢脚线。

主要材料：①白色乳胶漆　②硅酸钙板　③玻化砖

床头背景墙面用水泥砂浆找平，整个墙面满刮腻子，用砂纸打磨光滑，刷一层基膜，用环保白乳胶配合专业壁纸粉将壁纸固定在墙面上，安装踢脚线。

主要材料：①复合实木地板、②白色乳胶漆、③壁纸

床头背景墙面用水泥砂浆找平，用木工板做出凹凸造型，剩余墙面满刮三遍腻子，用砂纸打磨光滑，刷底漆、面漆。用气钉及胶水将硬包固定在底板上。

主要材料：①硬包 ②白色乳胶漆 ③复合实木地板

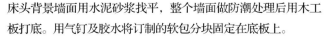

床头背景墙面用水泥砂浆找平，整个墙面做防潮处理后用木工板打底。用气钉及胶水将订制的软包分块固定在底板上。

主要材料：①复合实木地板 ②软包 ③白橡木饰面板

床头背景墙面用水泥砂浆找平，整个墙面满刮腻子，用砂纸打磨光滑，刷一层基膜，用环保白乳胶配合专业壁纸粉将壁纸固定在墙面上，安装踢脚线。

主要材料：①条纹壁纸 ②白色乳胶漆 ③实木线条混油

床头背景墙面用水泥砂浆找平，用地板钉将橡木板固定在墙面上，刷清漆。剩余墙面满刮腻子，用砂纸打磨光滑，刷底漆、面漆。
主要材料：①白色乳胶漆、②复合实木地板、③橡木板

床头背景墙面用木工板打底，并做出收边线条，贴装饰面板，刷油漆。剩余墙面满刮腻子，用砂纸打磨光滑，刷底漆、面漆。
主要材料：①白色乳胶漆 ②复合实木地板 ③白影木饰面板

床头背景墙面用硅酸钙板做出凹凸造型。整个墙面满刮腻子，用砂纸打磨光滑，刷底漆、白色及有色面漆。
主要材料：①白色乳胶漆 ②银镜 ③玻化砖

用木工板做出凹凸造型，墙面满刮三遍腻子，用砂纸打磨光滑，刷底漆、面漆。部分墙面刷有色面漆。最后固定成品木花格。

主要材料：①白色乳胶漆 ②镜面玻璃 ③木花格

卧室床头背景墙面用水泥砂浆找平，部分墙面用木工板打底，并做出收边线条，刷油漆。剩余墙面满刮三遍腻子，用砂纸打磨光滑，刷底漆、面漆，部分墙面用有色乳胶漆饰面。

主要材料：①复合实木地板 ②有色乳胶漆 ③白色乳胶漆

床头背景墙面用水泥砂浆找平，整个墙面防潮处理后用木工板打底。用气钉将软包固定在底板上，用粘贴固定的方式将茶镜固定在剩余底板上，完工后用硅酮密封胶密封。

主要材料：①软包 ②雕花茶镜 ③壁纸

床头背景墙面用水泥砂浆找平，部分墙面用木工板打底，贴装饰面板后刷油漆。剩余墙面满刮三遍腻子，用砂纸打磨光滑，刷底漆、面漆，将订制的通花板固定在墙面上。

主要材料：①通花板 ②木饰面板 ③有色乳胶漆

卧室床头背景墙面用水泥砂浆找平，用木工板做出收边线条，贴装饰面板后刷油漆。剩余墙面满刮腻子，用砂纸打磨光滑，刷一层基膜后贴壁纸，安装实木踢脚线。将支架用螺钉固定在墙面上，固定帷幔。

主要材料：①壁纸 ②复合实木地板 ③白色乳胶漆

卧室床头背景墙面用水泥砂浆找平，用硅酸钙板打底。整个墙面满刮腻子，用砂纸打磨光滑，部分墙面刷一层基膜后贴壁纸，剩余墙面刷底漆、面漆。

主要材料：①壁纸 ②白色乳胶漆 ③复合实木地板

按照设计需求，用木工板做出凹凸造型，部分墙面贴装饰面板后刷油漆。将订制的硬包分块固定在底板上。用玻璃胶将银镜固定在剩余底板上，最后固定木花格。

主要材料：①柚木饰面板 ②银镜 ③硬包

床头背景墙面用水泥砂浆找平，整个墙面满刮腻子，用砂纸打磨光滑，刷底漆，将订制的装饰百叶窗固定在墙面上，刷有色面漆，最后安装踢脚线。

主要材料：①白色乳胶漆 ②有色乳胶漆 ③装饰百叶窗

床头背景墙面用水泥砂浆找平，以实木线条收边，并刷油漆，将成品通花板固定在墙面上。剩余墙面满刮腻子，用砂纸打磨光滑，刷底漆、面漆，刷一层基膜后贴壁纸。

主要材料：①壁纸 ②白色乳胶漆 ③通花板

床头背景墙面用水泥砂浆找平，中间部分用木工板打底，贴装饰面板后刷油漆。两侧墙面满刮腻子，用砂纸打磨光滑，刷一层基膜后贴壁纸，将订制的木花格固定在墙面上。

主要材料：①壁纸 ②木花格 ③复合实木地板

床头背景墙面用水泥砂浆找平，用木工板打底并做出床头柜造型，贴泰柚木饰面板后刷油漆。窗户处安装百叶帘。

主要材料：①复合实木地板 ②泰柚木饰面板 ③百叶帘

床头背景墙面用水泥砂浆找平，防潮处理后用木工板打底，用气钉及万能胶将订制的软包固定在底板上。

主要材料：①复合实木地板　②软包　③白色乳胶漆

床头背景墙面用水泥砂浆找平，整个墙面满刮腻子，用砂纸打磨光滑，将成品实木线条固定在墙面上，墙面刷底漆、有色面漆。

主要材料：①有色乳胶漆　②复合实木地板　③白色乳胶漆

背景墙面用水泥砂浆找平，镜面基层用木工板打底。剩余墙面满刮腻子，用砂纸打磨光滑，刷一层基膜后贴壁纸。用玻璃胶将镜面玻璃固定在背景墙两侧的底板上，完工后用密封胶密封。

主要材料：①镜面玻璃　②壁纸　③复合实木地板

床头背景墙面用水泥砂浆找平，墙面满刮三遍腻子，用砂纸打磨光滑，部分墙面刷一层基膜后贴壁纸。

主要材料：①壁纸 ②地毯 ③实木踢脚线

床头背景墙面左侧用木工板打底，贴装饰面板，刷油漆。剩余墙面满刮腻子，用砂纸打磨光滑，刷底漆、面漆。

主要材料：①白色乳胶漆 ②复合实木地板 ③西南桦木饰面板

床头背景墙面用硅酸钙板做出凹凸造型，镜面基层用木工板打底，剩余墙面满刮腻子，用砂纸打磨光滑，刷一层基膜后贴壁纸，安装踢脚线。用玻璃胶将红镜固定在底板上，将成品木花格固定在墙面上。

主要材料：①壁纸 ②木花格 ③红镜

电视背景墙面用水泥砂浆找平，将石膏线条固定在墙面上，整个墙面满刮三遍腻子，用砂纸打磨光滑，刷一层基膜，用环保白乳胶配合专业壁纸粉将壁纸固定在墙面上。

主要材料：①壁纸　②白色乳胶漆　③复合实木地板

床头背景墙面用水泥砂浆找平，黑镜基层用木工板打底并做出收边线条，贴装饰面板，刷油漆。剩余墙面满刮腻子，用砂纸打磨光滑，刷底漆、有色面漆，最后安装实木踢脚线。用粘贴固定的方式固定黑镜。

主要材料：①有色乳胶漆　②黑镜　③复合实木地板

用通花隔断作为床头背景，将成品通花隔断用螺丝固定在地面与吊顶间。剩余墙面满刮三遍腻子，刷一层基膜后贴壁纸，最后安装踢脚线。

主要材料：①壁纸　②白色乳胶漆　③通花隔断

床头背景墙面用水泥砂浆找平，整个墙面满刮三遍腻子，用砂纸打磨光滑，将成品实木线条固定在墙面上，刷底漆、面漆。刷一层基膜后贴壁纸，最后安装实木踢脚线。

主要材料：①壁纸　②白色乳胶漆　③实木线条

按设计图在墙面上弹线，用木工板做出床头柜和层板造型，贴装饰面板后刷油漆。银镜基层用木工板打底，剩余墙面满刮腻子，用砂纸打磨光滑，刷一层基膜后贴壁纸。用粘贴固定的方式固定银镜。

主要材料：①壁纸　②银镜　③复合实木地板

凹凸造型的背景墙面用水泥砂浆找平，整个墙面满刮腻子，用砂纸打磨光滑，刷一层基膜后贴壁纸，最后安装实木踢脚线。

主要材料：①壁纸　②白色乳胶漆　③实木踢脚线

用木工板做出床头两侧的床头柜，贴装饰面板，刷油漆。将杉木板固定在床头背景墙面上，刷绿色油漆。剩余墙面满刮腻子，用砂纸打磨光滑，刷底漆、面漆。

主要材料：①白色乳胶漆　②复合实木地板　③杉木板

床头背景墙面用水泥砂浆找平，整个墙面满刮三遍腻子，用砂纸打磨光滑，刷一层基膜，用环保白乳胶配合专业壁纸粉将壁纸固定在墙面上，最后安装实木踢脚线。

主要材料：①壁纸　②复合实木地板

床头背景墙面用木工板打底，部分墙面贴装饰面板后刷油漆。用粘贴固定的方式将黑镜与银镜分别固定在底板上。用气钉及胶水将订制的软包固定在底板上。

主要材料：①黑镜　②银镜　③软包

用木工板做出床头背景墙面上的层板及书桌，贴装饰面板后刷油漆。银镜基层用木工板打底，剩余墙面满刮腻子，用砂纸打磨光滑，刷一层基膜后贴壁纸。用粘贴固定的方式将银镜固定在底板上。

主要材料：①银镜　②壁纸　③复合实木地板

用木工板做出背景墙面上的层板及书桌造型，贴装饰面板后刷油漆。银镜基层用木工板打底，剩余墙面满刮腻子，用砂纸打磨光滑，刷一次基膜后贴壁纸。用粘贴固定的方式将银镜固定在底板上。

主要材料：①银镜 ②壁纸 ③复合实木地板

床头背景墙面用水泥砂浆找平，整个墙面用木工板打底，用气钉及万能胶将订制的软包固定在底板上，用粘贴固定的方式将茶镜固定在剩余底板上，用密封胶密封。

主要材料：①软包 ②茶镜 ③白色乳胶漆

床头背景墙面用木工板打底，部分墙面贴装饰面板后刷油漆，用玻璃胶固定茶镜，固定木花格，最后用气钉及万能胶固定软包。

主要材料：①茶镜 ②软包 ③木花格

床头背景墙面用木工板打底，用气钉及万能胶将订制的软包固定在底板上，以实木线条收边。用粘贴固定的方式将金镜固定在剩余的底板上。

主要材料：①软包 ②金镜 ③复合实木地板

床头背景墙面用水泥砂浆找平，按照设计图纸，用木工板做出凹凸造型及灯槽结构，贴红橡木饰面板，刷油漆。剩余墙面满刮腻子，刷底漆、面漆。

主要材料：①白色乳胶漆 ②红橡木饰面板 ③复合实木地板

床头背景墙面用木工板打底，并做出灯槽结构，墙面离缝贴白影木饰面板，刷油漆。

主要材料：①白影木饰面板 ②复合实木地板 ③白色乳胶漆

床头背景墙面用水泥砂浆找平，整个墙面用木工板打底，用气钉及万能胶将订制的软包分块固定在底板上，以不锈钢线条收边。用粘贴固定的方式将黑镜固定在剩余的底板上，用硅酮密封胶密封。

主要材料：①软包 ②黑镜 ③不锈钢条

用橡木板做出卧室床头背景墙面上的床靠背。刷油漆。剩余墙面满刮腻子，用砂纸打磨光滑，刷底漆、有色面漆。最后安装实木踢脚线。

主要材料：①有色乳胶漆　②白色乳胶漆　③橡木板

床头背景墙面用水泥砂浆找平，用松木板做出背景墙面上的造型，刷油漆。剩余墙面满刮腻子，用砂纸打磨光滑，刷底漆、有色面漆。

主要材料：①松木板　②有色乳胶漆　③仿古砖

床头背景墙面用木工板打底，将成品实木收边线条固定在底板上，用气钉及胶水将软包分块固定在剩余底板上。

主要材料：①软包　②壁纸　③实木线条

卧室床头背景用通花板装饰，待室内硬件装基本完工后用螺钉将其固定在地面与吊顶间。

主要材料：①复合实木地板　②壁纸　③通花板

床头背景墙面用水泥砂浆找平，整个墙面用木工板打底，部分墙面贴玫瑰木饰面板后刷油漆。用粘贴固定的方式将镜面玻璃固定在底板上，完工后用密封胶密封。最后固定通花板。

主要材料：①镜面玻璃 ②玫瑰木饰面板 ③通花板

床头背景部分墙面用木工板打底，贴橡木饰面板，将线条固定在墙面上，刷油漆。剩余墙面满刮三遍腻子，用砂纸打磨光滑，刷一层基膜后贴壁纸。

主要材料：①橡木饰面板 ②壁纸

床头背景墙面用水泥砂浆找平，整个墙面用木工板打底，按设计图在墙面上弹线放样，用气钉及万能胶将订制的软包分块固定在底板上。

主要材料：①软包 ②复合实木地板 ③白色乳胶漆

按设计需求，将背景墙面做成凹凸弧形造型，整个墙面满刮腻子，用砂纸打磨光滑，刷底漆、有色面漆。贴壁纸前需刷一层基膜，用环保白乳胶配合专业壁纸粉进行施工，固定成品窗套线，安装踢脚线。

主要材料：①壁纸 ②有色乳胶漆 ③复合实木地板

床头背景墙面用壁纸饰面，整个墙面满刮腻子，用砂纸打磨光滑，刷一层基膜，用环保白乳胶配合专业壁纸粉将壁纸固定在墙面上，安装踢脚线。

主要材料：①复合实木地板 ②壁纸 ③有色乳胶漆

床头背景墙面用水泥砂浆找平，部分墙面用木工板打底并做出收边线条，贴胡桃木饰面板，刷油漆。镜子基层用木工板打底，用玻璃胶将其固定在底板上。剩余墙面满刮腻子，刷底漆、面漆。

主要材料：①白色乳胶漆 ②银镜 ③胡桃木饰面板

按设计需求，床头背景砌成凹凸弧形结构。整个墙面满刮腻子，用砂纸打磨光滑，刷底漆、有色面漆，最后安装实木踢脚线。用丙烯颜料将图案手绘到墙面上。

主要材料：①有色乳胶漆　②复合实木地板　③丙烯颜料图案

用木工板和硅酸钙板做出凹凸及灯槽造型，整个墙面满刮腻子，用砂纸打磨光滑，刷底漆、面漆，部分墙面刷一层基膜后贴壁纸，最后安装实木踢脚线。

主要材料：①白色乳胶漆　②壁纸　③复合实木地板

床头背景墙面用水泥砂浆找平，整个墙面满刮腻子，用砂纸打磨光滑，刷底漆、面漆，安装踢脚线。

主要材料：①白色乳胶漆　②实木踢脚线　③复合实木地板

床头背景墙面用木工板打底并做出收边线条，线条贴装饰面板后刷油漆。用气钉及胶水将订制的软包固定在墙面上。用玻璃胶将金镜固定在剩余底板上，完工后用密封胶密封。

主要材料：①软包　②金镜　③白色乳胶漆

床头背景墙面用水泥砂浆找平，将原有梁打磨成弧形结构。整个墙面满刮腻子，用砂纸打磨光滑，刷底漆和白色、有色面漆，最后安装踢脚线。
主要材料：①白色乳胶漆 ②有色乳胶漆

按照设计图纸，电视背景墙面用木工板做出储物柜造型，贴水曲柳饰面板后刷油漆。
主要材料：①复合实木地板 ②水曲柳饰面板

床头背景墙面用水泥砂浆找平，用木工板做出书桌造型，贴装饰面板后刷油漆；部分墙面用松木板饰面，刷油漆，用硅酸钙板做出凹凸造型，刷底漆、面漆。
主要材料：①松木板 ②有色乳胶漆 ③复合实木地板

床头背景墙面用木工板做出储物柜造型，贴装饰面板后刷油漆。剩余墙面满刮腻子，用砂纸打磨光滑，刷一基膜后贴壁纸。
主要材料：①复合实木地板 ②壁纸 ③白色乳胶漆

床头背景墙面用水泥砂浆找平，部分墙面用木工板打底。剩余墙面满刮三遍腻子，用砂纸打磨光滑，刷底漆、面漆，固定成品软包。

主要材料：①白色乳胶漆　②软包

用硅酸钙板做出墙面上的灯槽结构并作离缝拼贴。整个墙面满刮腻子，用砂纸打磨光滑，刷底漆和白色、有色面漆，最后安装踢脚线。

主要材料：①有色乳胶漆　②白色乳胶漆

床头背景墙面用水泥砂浆找平，整个墙面满刮腻子，用砂纸打磨光滑，刷一层基膜后贴壁纸。将订制的通花板及收边线条固定在墙面上。

主要材料：①壁纸　②通花板　③有影慕尼加饰面板

床头背景墙面用实木线条做造型和收边。剩余墙面满刮三遍腻子，用砂纸打磨光滑，刷底漆、有色面漆。最后安装实木踢脚线。

主要材料：①有色乳胶漆　②白色乳胶漆　③复合实木地板

床头背景墙面用水泥砂浆找平，整个墙面用木工板打底，两侧墙面贴白影木饰面板后刷油漆。固定收边线条，固定硬包。

主要材料：①白色乳胶漆　②硬包　③白影木饰面板

用实木线条做出床头背景墙面造型和收边，刷油漆。剩余墙面满刮三遍腻子，用砂纸打磨光滑，刷底漆、面漆。贴壁纸的墙面施工前刷一层基膜，用环保白乳胶配合专业壁纸粉进行施工。

主要材料：①壁纸　②白色乳胶漆　③实木线条

床头背景墙面用水泥砂浆找平，用木工板做出收边线条，贴装饰面板后刷油漆，剩余墙面用硅酸钙板离缝拼贴。剩余墙面满刮三遍腻子，用砂纸打磨光滑，刷底漆、有色面漆。

主要材料：①壁纸 ②白色乳胶漆 ③复合实木地板

床头背景墙面用水泥砂浆找平，部分墙面用杉木板饰面，固定收边线条，刷油漆。剩余墙面满刮腻子，用砂纸打磨光滑，刷底漆、有色面漆。

主要材料：①有色乳胶漆 ②杉木板 ③壁纸

床头背景墙面用水泥砂浆找平。整个墙面满刮腻子，用砂纸打磨光滑，刷底漆、有色面漆，安装踢脚线。

主要材料：①有色乳胶漆 ②杉木板 ③仿古砖

床头背景墙面用木工板打底并做出床头柜造型，部分墙面贴柚木饰面板，刷油漆。用气钉及万能胶将订制的软包固定在底板上。用玻璃胶将灰镜固定在剩余底板上。

主要材料：①软包 ②柚木饰面板 ③灰镜

用木工板做出卧室床头背景墙面上的矮台造型。剩余墙面满刮三遍腻子，用砂纸打磨光滑，刷一层基膜后贴壁纸。用气钉及胶水将订制的软包固定在底板上。

主要材料：①壁纸　②软包　③白色乳胶漆

背景墙面用水泥砂浆找平，整个墙面满刮三遍腻子，用砂纸打磨光滑，刷一层基膜，用环保白乳胶配合专业壁纸粉将壁纸固定在墙面上，安装实木踢脚线。将挂画固定在墙面上。

主要材料：①壁纸　②复合实木地板　③白色乳胶漆

床头背景墙面用水泥砂浆找平，部分墙面用木工板做灯槽结构，固定不锈钢线条及贴装饰面板，刷油漆。剩余墙面满刮三遍腻子，用砂纸打磨光滑，刷底漆、有色面漆，固定实木踢脚线。

主要材料：①实木踢脚线　②有色乳胶漆　③不锈钢条

床头背景墙面用木工板打底。用气钉及万能胶将订制的软包分块固定在底板上，以实木线条收边。用粘贴固定的方式将灰镜固定在剩余底板上，用硅酮密封胶密封。

主要材料：①复合实木地板 ②灰镜 ③软包

用硅酸钙板做出背景墙面与吊顶相连的弧形结构，整个墙面满刮腻子，用砂纸打磨光滑，刷底漆、面漆，刷一层基膜后贴壁纸。固定装饰物品，安装踢脚线。

主要材料：①壁纸 ②白色乳胶漆 ③地毯

床头背景墙面用水泥砂浆找平，用木工板做出储物柜，贴装饰面板，刷油漆。剩余墙面满刮腻子，用砂纸打磨光滑，刷底漆、面漆，刷一层基膜后贴壁纸。

主要材料：①壁纸 ②白色乳胶漆 ③杉木板

床头背景墙面用水泥砂浆找平，整个墙面满刮腻子，用砂纸打磨光滑，刷一层基膜，用环保白乳胶配合专业壁纸粉将壁纸固定在墙面上，安装踢脚线。

主要材料：①壁纸 ②复合实木地板 ③白色乳胶漆

床头背景墙面用水泥砂浆找平，防潮处理后用木工板打底。剩余墙面满刮腻子，用砂纸打磨光滑，刷底漆、面漆，固定烤漆玻璃。

主要材料：①白色乳胶漆 ②烤漆玻璃 ③复合实木地板

床头背景墙面用水泥砂浆找平，整个墙面用木工板打底，以实木线条分隔，收边，贴白象牙饰面板后刷油漆。

主要材料：①白象牙饰面板 ②白色乳胶漆 ③复合实木地板

按设计需求，床头背景砌成凹凸弧形结构。整个墙面满刮腻子，用砂纸打磨光滑，刷底漆、面漆，部分墙面用肌理漆饰面，最后安装踢脚线。

主要材料：①白色乳胶漆　②复合实木地板　③肌理漆

背景墙面用水泥砂浆找平，整个墙面满刮腻子，用砂纸打磨光滑，将成品实木线条固定在墙面上，刷底漆、面漆，刷一层基膜后贴壁纸。用螺钉及万能胶将订制的通花板固定在墙面上。

主要材料：①壁纸　②白色乳胶漆　③通花板

背景墙面用水泥砂浆找平，部分墙面用木工板打底，剩余顶部墙面满刮腻子，用砂纸打磨光滑，刷底漆、面漆。用气钉及万能胶将订制的硬包固定在底板上。用玻璃胶固定银镜，完工后用密封胶密封。

主要材料：①银镜　②白色乳胶漆　③硬包

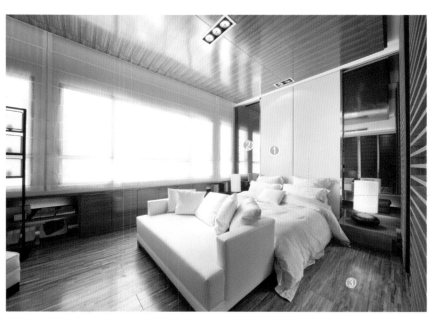

背景墙面用水泥砂浆找平，整个墙面用木工板打底，用气钉及万能胶将订制的软包固定在底板上，用不锈钢收边条收边。用粘贴固定的方式将灰镜固定在底板上，用密封胶密封。

主要材料：①软包　②灰镜　③复合实木地板

床头背景墙面用水泥砂浆找平，贴镜面的基层用木工板打底，收边线条贴装饰面板后刷油漆。剩余墙面满刮腻子，用砂纸打磨光滑，刷一层基膜后贴壁纸。用玻璃胶将银镜固定在底板上，用密封胶密封。

主要材料：①壁纸 ②银镜 ③白色乳胶漆

用木工板做出卧室床头背景墙面上的储物柜及层板，贴装饰面板，刷油漆。部分墙面用木工板打底，剩余墙面满刮腻子，刷底漆、面漆，刷一层基膜后贴壁纸，将订制的亚克力板固定在底板上。

主要材料：①白色乳胶漆 ②复合实木地板 ③亚克力板

床头背景墙面用水泥砂浆找平，用木工板及硅酸钙板做出灯槽造型，层板贴装饰面板，刷油漆。软包基层用木工板打底，用气钉及万能胶固定。剩余墙面满刮腻子，用砂纸打磨光滑，刷底漆、面漆。

主要材料：①软包 ②白色乳胶漆 ③复合实木地板

床头背景墙面用水泥砂浆找平，用成品实木线条及杉木板做出墙面上的造型，刷油漆。剩余墙面满刮腻子，用砂纸打磨光滑，刷一层基膜，贴壁纸，最后安装踢脚线。

主要材料：①壁纸 ②白色乳胶漆 ③复合实木地板

床头背景墙面用水泥砂浆找平，整个墙面满刮腻子，用砂纸打磨光滑，贴壁纸前刷一层基膜，最后安装踢脚线。

主要材料：①复合实木地板 ②壁纸 ③白色乳胶漆

用木工板做出床头背景墙面上的灯槽结构，贴装饰面板后刷油漆。剩余墙面满刮腻子，用砂纸打磨光滑，刷一层基膜，贴壁纸。剩余墙面，刷底漆、面漆。

主要材料：①壁纸 ②白色乳胶漆 ③泰柚木饰面板

床头背景墙面用木工板打底，层板贴装饰面板，刷油漆。用气钉及万能胶将订制的硬包固定在底板上。用粘贴固定的方式将灰镜固定在底板上，用密封胶密封。

主要材料：①硬包 ②灰镜 ③复合实木地板

床头背景墙面用水泥砂浆找平，整个墙面满刮腻子，用砂纸打磨光滑，刷底漆、面漆，最后安装踢脚线。

主要材料：①白色乳胶漆　②实木踢脚线　③玻化砖

床头背景墙面用水泥砂浆找平，整个墙面满刮三遍腻子，用砂纸打磨光滑，刷一层基膜，用环保包乳胶配合专业壁纸粉将壁纸固定在墙面上，最后安装踢脚线。

主要材料：①壁纸　②白色乳胶漆　③地毯

卧室床头背景用水泥砂浆找平，用木工板做出床头柜及墙面上的造型，贴装饰面板后刷油漆。剩余墙面用木工板打底，用粘贴固定的方式将银镜与黑镜固定在底板上，最后固定珠帘。

主要材料：①黑镜　②钢化玻璃　③白色乳胶漆

床头背景墙面用水泥砂浆找平，用木工板做出墙面上的收边线条，贴装饰面板，刷油漆。剩余墙面满刮腻子，用砂纸打磨光滑，刷一层基膜，贴壁纸。

主要材料：①复合实木地板 ②壁纸 ③白色乳胶漆

床头背景墙面满刮三遍腻子，用砂纸打磨光滑，刷底漆、有色面漆。用螺钉将订制的通花板固定在地面与吊顶间。

主要材料：①玻璃 ②有色乳胶漆 ③通花板

床头部分墙面用木工板打底，贴装饰面板后刷油漆。剩余墙面满刮三遍腻子，用砂纸打磨光滑，刷底漆、面漆。

主要材料：①复合实木地板 ②白色乳胶漆 ③有影慕尼加饰面板

床头背景墙面用水泥砂浆找平，软包基层用木工板打底，以实木线条收边，刷油漆。剩余墙面满刮腻子，用砂纸打磨光滑，刷一层基膜，贴壁纸，安装踢脚线。

主要材料：①壁纸 ②软包 ③实木线条混油

床头背景墙面用水泥砂浆找平，镜子基层用木工板打底，部分墙面用硅酸钙板打底找平。剩余墙面满刮腻子，用砂纸打磨光滑，刷底漆和白色、有色面漆，刷一层基膜后贴壁纸。用粘贴固定的方式将银镜面固定在底板上。

主要材料：①壁纸 ②银镜 ③白色乳胶漆

用木工板做出床头背景墙面上的灯槽结构。墙面满刮三遍腻子，用砂纸打磨光滑，刷底漆、面漆。用玻璃胶将银镜固定在底板上。用气钉及胶水将订制的软包固定在剩余底板上，并以不锈钢条收边。

主要材料：①银镜 ②白色乳胶漆 ③不锈钢条

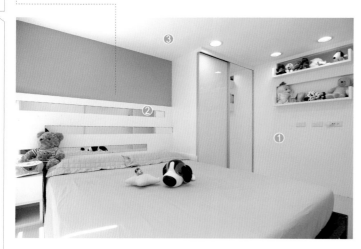

床头背景墙面用壁纸装饰，整个背景墙面用水泥砂浆找平，满刮腻子，用砂纸打磨光滑，刷一层基膜，用环保白乳胶配合专业壁纸粉将壁纸固定在墙面上，安装踢脚线。

主要材料：①壁纸 ②白色乳胶漆 ③复合实木地板

床头背景墙面用水泥砂浆找平，硬包及银镜基层用木工板打底，剩余墙面满刮腻子，用砂纸打磨光滑，刷底漆、面漆。用玻璃胶固定银镜，最后将成品画框线固定在墙面上。最后固定硬包。

主要材料：①硬包 ②复合实木地板 ③银镜

床头背景墙面用水泥砂浆找平，用实木线条做造型及收边后刷油漆。剩余墙面满刮三遍腻子，用砂纸打磨光滑，刷底漆和白色、有色面漆。

主要材料：①白色乳胶漆　②壁纸　③复合实木地板

电视背景中间墙面用木工板打底，贴白橡木饰面板后刷油漆。安装不锈钢收边线条，固定钢化玻璃，完工后用密封胶密封。

主要材料：①白橡木饰面板　②钢化玻璃　③白色乳胶漆

用湿贴的方式将皮纹砖固定在床头背景墙面上，剩余墙面满刮三遍腻子，用砂纸打磨光滑，刷一层基膜后贴壁纸，安装踢脚线。

主要材料：①壁纸　②皮纹砖　③复合实木地板

床头背景墙面用水泥砂浆找平，用硅酸钙板做出灯槽结构，软包基层用木工板打底。剩余墙面满刮腻子，用砂纸打磨光滑，刷底漆、面漆。用气钉及万能胶将订制的软包分块固定在底板上。

主要材料：①白色乳胶漆　②复合实木地板　③软包

床头背景墙面用水泥砂浆找平，硬包基层用木工板打底。剩余墙面满刮腻子，用砂纸打磨光滑，刷底漆、有色面漆，安装实木踢脚线。最后将硬包固定在底板上。

主要材料：①硬包　②复合实木地板　③有色乳胶漆

床头背景墙面用水泥砂浆找平，用木工板做出收边线条及窗套，贴装饰面板后刷油漆。部分墙面用木工板打底，用粘贴固定的方式将镜面玻璃固定在底板上。剩余墙面满刮腻子，刷底漆、面漆。最后固定成品通花板。

主要材料：①镜面玻璃　②白色乳胶漆　③复合实木地板

床头背景墙面用水泥砂浆找平，用木工板做造型及灯槽结构，收边线条及床头柜贴装饰面板后刷油漆。剩余墙面满刮三遍腻子，用砂纸打磨光滑，刷底漆和白色、有色面漆。

主要材料：①白色乳胶漆　②玻化砖　③白影木饰面板

床头背景墙面用红砖砌成。用木工板做出层板造型，贴装饰面板后刷油漆。墙面直接用白色水泥漆饰面。

主要材料：①红砖　②白色乳胶漆　③有色乳胶漆

床头背景墙面用水泥砂浆找平，整个墙面用木工板及硅酸钙板做造型。部分墙面及床头柜贴装饰面板后刷油漆。用玻璃胶固定银镜及玻璃，完工后用密封胶密封。

主要材料：①白色乳胶漆　②有色乳胶漆　③玻化砖

背景墙面用水泥砂浆找平，软包基层用木工板打底，做出收边线条，贴装饰面板，刷油漆。用气钉及万能胶将订制的软包固定在底板上。

主要材料：①软包　②白色乳胶漆　③复合实木地板

电视背景墙面用木工板做出储物柜造型，贴水曲柳饰面板，刷油漆。剩余墙面满刮腻子，用砂纸打磨光滑，刷一层基膜后贴壁纸，最后安装踢脚线。
主要材料：①壁纸 ②复合实木地板 ③水曲柳饰面板

床头背景部分墙面用木工板打底，贴装饰面板后刷油漆，固定成品轨道。将制作的推拉板材固定在墙面上。
主要材料：①白色乳胶漆 ①玻化砖 ③银镜

床头背景用硅酸钙板做出凹凸造型，部分墙面用木工板打底，贴红橡木饰面板后刷油漆。剩余墙面满刮三遍腻子，用砂纸打磨光滑，刷底漆、面漆。
主要材料：①白色乳胶漆 ②红橡木饰面板 ③清玻

床头背景墙面用壁纸装饰，整个墙面满刮三遍腻子，用砂纸打磨光滑，刷一层基膜，用环保白乳胶配合专业壁纸粉将壁纸固定在墙面上，最后安装踢脚线。
主要材料：①壁纸 ②白色乳胶漆 ③复合实木地板

床头背景墙用水泥砂浆找平，满刮腻子，用砂纸打磨光滑，刷底漆、有色面漆，最后安装实木踢脚线。有色乳胶漆需按色卡选样。

主要材料：①白色乳胶漆
②有色乳胶漆

床头背景墙面用水泥砂浆找平，软包基层用木工板打底并做出灯槽结构。剩余墙面满刮腻子，用砂纸打磨光滑，刷一层基膜后贴壁纸。用气钉及万能胶将订制的软包分块固定在底板上。

主要材料：①条纹壁纸　②白色乳胶漆　③软包

用木工板做出床头背景墙面上的储物柜造型，贴装饰面板，刷油漆。剩余墙面满刮三遍腻子，用砂纸打磨光滑，刷底漆、有色面漆，最后安装踢脚线。

主要材料：①有色乳胶漆
②软包　③复合实木地板

背景墙面用水泥砂浆找平，镜面基层用木工板打底。剩余墙面满刮腻子，用砂纸打磨光滑，刷底漆、面漆，固定成品木花格。用玻璃胶将银镜固定在底板上，用硅酮密封胶密封。

主要材料：①白色乳胶漆　②银镜　③木花格

按设计需求，床头背景墙面做弧形凹凸造型。整个墙面满刮三遍腻子，用砂纸打磨光滑，刷白色面漆及有色面漆，用丙烯颜料将图案手绘到墙面上，最后安装踢脚线。

主要材料：①通花板　②有色乳胶漆　③复合实木地板

床头背景墙面用水泥砂浆找平，用木工板做出收边线条，贴装饰面板后刷油漆。剩余墙面满刮腻子，用砂纸打磨光滑，刷底漆、白色面漆及有色面漆。将成品通花板用螺钉及胶水固定在墙面上。

主要材料：①有色乳胶漆　②白色乳胶漆　③通花格

卧室床头背景墙面用水泥砂浆找平，整个墙面满刮腻子，用砂纸打磨光滑，刷一层基膜，用环保白乳胶配合专业壁纸粉将壁纸固定在墙面上，安装踢脚线。

主要材料：①壁纸　②白色乳胶漆　③复合实木地板

床头背景墙用壁纸装饰，整个墙面用水泥砂浆找平，满刮腻子，用砂纸打磨光滑，刷一层基膜，用环保白乳胶配合专业壁纸粉将壁纸固定在墙面上，安装踢脚线。

主要材料：①白色乳胶漆　②壁纸　③复合实木地板

用木工板及硅酸钙板做出设计图中造型。整个墙面满刮三遍腻子，用砂纸打磨光滑，刷底漆、面漆。

主要材料：①白色乳胶漆　②复合实木地板　③成品窗套

用木工板做出床头背景墙面上的书柜造型，贴橡木饰面板后刷油漆。剩余墙面满刮腻子，用砂纸打磨光滑，刷底漆、面漆，最后安装实木踢脚线。

主要材料：①复合实木地板　②白色乳胶漆　③橡木饰面板

电视背景墙面用水泥砂浆找平，用木工板做出层板造型，贴白橡木饰面板后刷油漆。剩余墙面满刮三遍腻子，用砂纸打磨光滑，刷一层基膜后贴壁纸。

主要材料：①壁纸　②白色乳胶漆　③白橡木饰面板

床头背景墙面用水泥砂浆找平，整个墙面满刮腻子，用砂纸打磨光滑，刷一层基膜，用环保白乳胶配合专业壁纸粉将壁纸固定在墙面上。剩余顶部和墙面刷底漆、面漆。安装踢脚线。

主要材料：①壁纸　②白色乳胶漆　③复合实木地板

床头背景墙面用水泥砂浆找平，整个墙面满刮三遍腻子，用砂纸打磨光滑，刷一层基膜后贴壁纸，安装踢脚线。剩余墙面刷底漆、面漆。

主要材料：①白色乳胶漆　②壁纸　③复合实木地板

背景墙面用水泥砂浆找平，镜面基层用木工板打底，剩余墙面满刮腻子，用砂纸打磨光滑，刷一层基膜后贴壁纸。用玻璃胶将银镜固定在底板上，完工后用密封胶密封。

主要材料：①壁纸 ②银镜 ③白色乳胶漆

用硅酸钙板做出床头背景两侧的对称造型。软包基层用木工板打底，剩余墙面满刮腻子，用砂纸打磨光滑，刷一层基膜后贴壁纸。用气钉将软包分块固定在底板上，用成品实木线条收边。

主要材料：①壁纸 ②软包 ③实木线条

床头背景墙面用水泥砂浆找平。软包基层用木工板打底，剩余墙面满刮腻子，用砂纸打磨光滑，刷底漆、面漆。将成品实木线条固定在墙面上，用气钉及万能胶将软包固定在底板上。

主要材料：①壁纸 ②软包 ③实木线条

床头背景墙面用水泥砂浆找平，整个墙面防潮处理后用木工板打底，用气钉及万能胶将软包固定在底板上。

主要材料：①软包 ②复合实木地板 ③白色乳胶漆

按设计图在墙面上弹线，用木工板打底，部分墙面贴红橡木饰面板，刷油漆。剩余墙面满刮腻子，用砂纸打磨光滑，刷底漆、面漆。用玻璃胶将灰镜固定在底板上，用密封胶密封。

主要材料：①白色乳胶漆 ②红橡木饰面板 ③灰镜

床头背景墙面用水泥砂浆找平，整个墙面满刮腻子，用砂纸打磨光滑，刷一层基膜，用环保白乳胶配合专业壁纸粉将壁纸固定在墙面上。剩余墙面刷底漆、面漆，最后安装踢脚线。

主要材料：①壁纸 ②白色乳胶漆 ③复合实木地板

床头背景墙用水泥砂浆找平，软包与镜面基层用木工板打底，用硅酸钙板及木工板做出右侧壁龛造型，贴装饰面板，刷油漆。墙面满刮腻子，用砂纸打磨光滑，刷一层基膜后贴壁纸。用气钉及万能胶固定软包，用玻璃胶固定镜面。

主要材料：①软包 ②银镜 ③壁纸

床头背景用水泥砂浆找平，用木工板做出床头柜造型，贴装饰面板后刷油漆。用硅酸钙板离缝拼贴。剩余墙面满刮腻子，用砂纸打磨光滑，刷底漆、面漆。部分墙面，刷一层基膜后贴壁纸。

主要材料：①壁纸 ②复合实木地板 ③白色乳胶漆

床头背景墙面用水泥砂浆找平。整个墙面满刮腻子，用砂纸打磨光滑，刷底漆、有色面漆。有色乳胶漆需按色卡选样。

主要材料：①白色乳胶漆 ②有色乳胶漆 ③水曲柳饰面板

床头背景墙面用水泥砂浆找平，整个墙面用木工板打底，用气钉及胶水将订制的硬包分块固定在底板上。用粘贴固定的方式固定黑镜。

主要材料：①硬包 ②黑镜 ③壁纸

用硅酸钙板做出床头背景墙面上的凹凸造型，整个墙面满刮腻子，用砂纸打磨光滑，刷一层基膜后贴壁纸，剩余墙面刷底漆、面漆，最后安装实木踢脚线。

主要材料：①壁纸 ②白色乳胶漆 ③复合实木地板

用木工板做出背景墙面上的床头柜造型，贴装饰面板后刷油漆，软包基层用木工板打底。剩余墙面满刮腻子，用砂纸打磨光滑，刷底漆、有色面漆。用气钉及万能胶将成品软包分块固定在底板上。

主要材料：①有色乳胶漆 ②软包 ③复合实木地板

床头背景墙面用水泥砂浆找平，整个墙面满刮腻子，用砂纸打磨光滑，刷一层基膜，用环保白乳胶配合专业壁纸粉将壁纸固定在墙面上，安装踢脚线。

主要材料：①壁纸 ②白色乳胶漆 ③复合实木地板

用木工板做出卧室墙面上的层板造型，贴装饰面板后刷油漆。整个墙面用木工板打底，以实木线条分隔，用粘贴固定的方式固定银镜。

主要材料：①银镜 ②白色乳胶漆 ③实木线条

床头背景墙面用水泥砂浆找平，软包基层防潮处理后用木工板打底。剩余墙面满刮腻子，用砂纸打磨光滑，刷一层基膜后贴壁纸，安装踢脚线。用气钉及万能胶将软包分块固定在底板上。

主要材料：①壁纸 ②软包

用木工板做出床头背景墙面上的灯槽结构，贴装饰面板后刷油漆。剩余墙面满刮三遍腻子，用砂纸打磨光滑，部分墙面刷一层基膜后贴壁纸，安装踢脚线。

主要材料：①壁纸 ②白色乳胶漆 ③复合实木地板

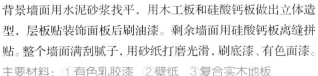

背景墙面用水泥砂浆找平，用木工板和硅酸钙板做出立体造型，层板贴装饰面板后刷油漆。剩余墙面用硅酸钙板离缝拼贴。整个墙面满刮腻子，用砂纸打磨光滑，刷底漆、有色面漆。

主要材料：①有色乳胶漆 ②壁纸 ③复合实木地板

床头背景墙面用水泥砂浆找平，用木工板做出储物柜及墙面上的造型，贴装饰面板后刷油漆。墙面满刮三遍腻子，用砂纸打磨光滑，固定成品实木线条，刷一层基膜后贴壁纸。最后固定成品板材。

主要材料：①壁纸 ②白色乳胶漆 ③复合实木地板

床头背景墙面用壁纸饰
面。整个墙面满刮腻子，
用砂纸打磨光滑，刷一层
基膜，用环保白乳胶配合
专业壁纸粉将壁纸固定在
墙面上，安装踢脚线。
主要材料：①白色乳胶漆
②灰镜 ③壁纸

背景墙面用水泥砂浆找
平，整个墙面满刮腻子，
用砂纸打磨光滑，刷一层
基膜，用环保白乳胶配合
专业壁纸粉将壁纸固定在
墙面上，安装踢脚线。最
后固定窗帘及装饰物。
主要材料：①壁纸 ②白
色乳胶漆 ③复合实木
地板

床头背景墙面用水泥砂浆找平。
部分墙面用杉木板饰面，固定收
边线条，刷油漆。剩余墙面满刮
腻子，用砂纸打磨光滑，刷底漆、
有色面漆。
主要材料：①有色乳胶漆 ②杉
木板 ③复合实木地板

用硅酸钙板做出床头背景墙面上的灯槽造型，剩余墙面用木工板打底。要贴壁纸的墙面满刮腻子，用砂纸打磨光滑，刷一层基膜。用粘贴固定的方式将镜面玻璃固定在底板上，用密封胶密封。

主要材料：①壁纸 ②镜面玻璃 ③复合实木地板

床头背景墙面用水泥砂浆找平，按照设计图纸，用木工板在墙面上打底，贴橡木饰面板，刷油漆。剩余墙面满刮腻子，用砂纸打磨光滑，刷底漆、面漆。

主要材料：①白色乳胶漆 ②橡木饰面板 ③复合实木地板

床头背景墙面用水泥砂浆找平，整个墙面满刮腻子，用砂纸打磨光滑，刷一层基膜，用环保白乳胶配合专业壁纸粉将壁纸固定在墙面上，安装踢脚线。

主要材料：①壁纸 ②复合实木地板 ③白色乳胶漆

床头背景墙面用水泥砂浆找平，用木工板做出床头柜及灯槽结构，贴橡饰面板后刷油漆。剩余墙面满刮腻子，用砂纸打磨光滑，刷一层基膜后贴壁纸。

主要材料：①橡木饰面板 ②壁纸 ③复合实木地板

床头背景墙面用水泥砂浆找平，按照设计图纸，用木工板在墙面上打底，贴橡木饰面板，刷油漆。剩余墙面满刮腻子，用砂纸打磨光滑，刷底漆、面漆。

主要材料：①白色乳胶漆 ②橡木饰面板 ③复合实木地板

电视背景墙面用水泥砂浆找平，用木工板做出书桌造型，贴装饰面板，刷油漆。剩余墙面满刮腻子，用砂纸打磨光滑，刷底漆、面漆。

主要材料：①白色乳胶漆 ②复合实木地板 ③软包

床头背景墙面用水泥砂浆找平，用硅酸钙板做出灯槽结构。软包基层用木工板打底，剩余墙面满刮腻子，用砂纸打磨光滑，刷底漆、面漆，刷一层基膜后贴壁纸。用气钉及胶水将定制的软包固定在底板上。

主要材料：①软包 ②壁纸 ③白色乳胶漆

床头背景墙面用水泥砂浆找平，软包基层用木工板打底，剩余墙面满刮腻子，用砂纸打磨光滑，刷一层基膜，贴壁纸。将订制的软包分块固定在底板上，安装收边线条。

主要材料：①壁纸 ②软包 ③复合实木地板

床头背景部分墙面用木工板打底，并做出收边线条，贴沙比利饰面板，刷油漆。剩余墙面满刮腻子，用砂纸打磨光滑，刷一层基膜，贴壁纸。用气钉及万能胶将软包固定在底板上。

主要材料：①壁纸　②软包　③沙比利饰面板

床头背景墙面用水泥砂浆找平，软包基层用木工板打底。用地板钉及胶水将复合实木地板固定在墙面上。用气钉及万能胶将订制的软包固定在底板上。

主要材料：①软包　②复合实木地板③壁纸

用硅酸钙板做出床头背景墙面上凹凸造型，黑镜基层用木工板打底。剩余墙面满刮腻子，用砂纸打磨光滑，刷底漆、面漆。用粘贴固定的方式将灰镜固定在底板上，用硅酮密封胶密封。

主要材料：①复合实木地板　②白色乳胶漆　③灰镜

卧室设计与材料 施工详解

床头背景墙面用木工板做出灯槽结构，墙面延伸到吊顶的造型贴水曲柳饰面板，刷油漆。剩余墙面满刮腻子，用砂纸打磨光滑，刷底漆、面漆。

主要材料：①白色乳胶漆、②复合实木地板、③水曲柳饰面板

用硅酸钙板做出床头背景墙面上的凹凸造型，层板贴装饰面板后刷油漆。用快干粉将成品石膏线条固定在墙面上。整个墙面满刮腻子，用砂纸打磨光滑，刷底漆、面漆。刷一层基膜后贴壁纸。

主要材料：①白色乳胶漆　②壁纸　③复合实木地板

梳妆台背景墙面用水泥砂浆找平，整个墙面满刮腻子，用砂纸打磨光滑，用环保白乳胶配合专业壁纸粉将不同图案的壁纸固定在墙面上，最后安装踢脚线。

主要材料：①实木踢脚线　②有色乳胶漆　③壁纸

用木工板在找平的床头背景墙面上做出层板造型，贴装饰面板后刷油漆。剩余墙面满刮腻子，用砂纸打磨光滑，刷一层基膜，用环保白乳胶配合专业壁纸粉将壁纸固定在墙面上，安装踢脚线。

主要材料：①壁纸　②白色乳胶漆　③复合实木地板

用木工板做出床头背景墙面上的凹凸造型。层板及收边线条贴装饰面板后刷油漆。剩余墙面满刮腻子，用砂纸打磨光滑，刷底漆、有色面漆。用气钉及万能胶将软包固定在底板上。
主要材料：①有色乳胶漆 ②软包
③复合实木地板

用木工板及硅酸钙板做出床头背景墙面上的造型，银镜基层用木工板打底。剩余墙面满刮腻子，用砂纸打磨光滑，刷底漆、面漆。用粘贴固定的方式将银镜固定在底板上，用密封胶密封。
主要材料：①银镜 ②复合实木地板 ③有色乳胶漆

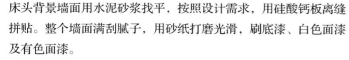

床头背景墙面用水泥砂浆找平，按照设计需求，用硅酸钙板离缝拼贴。整个墙面满刮腻子，用砂纸打磨光滑，刷底漆、白色面漆及有色面漆。
主要材料：①白色乳胶漆 ②有色乳胶漆 ③复合实木地板

背景墙面用水泥砂浆找平，用木工板做出梳妆台造型，贴装饰面板后刷油漆。用硅酸钙板在墙面上离缝拼贴。剩余墙面满刮腻子，用砂纸打磨光滑，刷底漆、有色面漆。
主要材料：①有色乳胶漆 ②白色乳胶漆 ③水曲柳饰面板

床头背景墙面用水泥砂浆找平，软包墙面用木工板打底，剩余墙面用硅酸钙板作离缝拼贴。剩余墙面满刮腻子，用砂纸打磨光滑，刷底漆、面漆。用气钉及胶水将软包固定在底板上。

主要材料：①白色乳胶漆 ②软包 ③复合实木地板

用木工板做出床头柜造型，贴装饰面板后刷油漆。剩余墙面用木工板打底，用气钉将软包分块固定在底板上，用玻璃胶将黑镜固定在剩余底板上，完工后用硅酮密封胶密封。

主要材料：①软包 ②黑镜 ③白色乳胶漆

背景墙面用水泥砂浆找平，整个墙面满刮三遍腻子，用砂纸打磨光滑，刷一层基膜，用环保白乳胶配合专业壁纸粉将壁纸固定在墙面上，最后安装踢脚线。

主要材料：①壁纸 ②复合实木地板 ③白色乳胶漆

床头背景墙面用水泥砂浆找平，整个墙面用木工板打底，按设计需求，两侧贴装饰面板，刷油漆。用气钉及胶水将订制的软包固定在底板上。

主要材料：①软包 ②栓木饰面板 ③复合实木地板

床头背景墙面用水泥砂浆找平，整个墙面满刮三遍腻子，用砂纸打磨光滑，刷一层基膜，用环保白乳胶配合专业壁纸粉将壁纸固定在墙面上，安装踢脚线，固定纱帘。

主要材料：①壁纸　②白色乳胶漆　③复合实木地板

背景墙用水泥砂浆找平，用硅酸钙板及木工板做出背景墙面上的凹凸造型，剩余墙面满刮腻子，用砂纸打磨光滑，刷底漆、面漆。刷一层基膜后贴壁纸。安装踢脚线。

主要材料：①壁纸　②白色乳胶漆

床头背景墙用水泥砂浆找平，用木工板做出窗帘盒结构，贴沙比利饰面板及成品实木线条，刷油漆。

主要材料：①沙比利饰面板　②白色乳胶漆

床头背景墙面用木工板及硅酸钙板做出设计图中造型，床头柜及储物柜贴装饰面板后刷油漆。剩余墙面满刮腻子，用砂纸打磨光滑，刷底漆、面漆。贴壁纸的墙面须在壁纸施工前刷一层基膜。

主要材料：①壁纸　②白色乳胶漆　③复合实木地板

用木工板及硅酸钙板做出床头背景墙面上的造型，储物柜贴装饰面板后刷油漆。剩余墙面满刮腻子，用砂纸打磨光滑，刷底漆、白色及有色面漆。用丙烯颜料将图案手绘到墙面上。最后安装踢脚线。

主要材料：①白色乳胶漆　②有色乳胶漆　③丙烯颜料图案

床头背景用木工板及硅酸钙板做出灯槽结构，层板用不锈钢饰面。剩余墙面满刮腻子，用砂纸打磨光滑，刷底漆、面漆。最后安装踢脚线。

主要材料：①不锈钢条　②复合实木地板　③白色乳胶漆

背景墙面用水泥砂浆找平，整个墙面满刮腻子，用砂纸打磨光滑，刷底漆、面漆。用快干粉将成品线条固定在墙面上。最后安装踢脚线。

主要材料：①白色乳胶漆　②石膏线条　③复合实木地板

电视背景墙面用水泥砂浆找平，整个墙面满刮腻子，用砂纸打磨光滑，刷底漆、面漆，安装踢脚线。最后用丙烯颜料将图案手绘到墙面上。

主要材料：①白色乳胶漆　②丙烯颜料图案　③实木地板

背景墙面用水泥砂浆找平，用硅酸钙板及木工板做出墙面上的造型，靠背及床头柜贴装饰面板后刷油漆，镜子基层用木工板打底，用玻璃胶固定。剩余墙面满刮腻子，用砂纸打磨光滑，刷底漆、面漆。

主要材料：①黑镜　②复合实木地板　③白色乳胶漆

床头背景墙用水泥砂浆找平，部分墙面用木工板打底，用地板钉将复合实木地板固定在底板上，完工后用实木线条收边。剩余墙面满刮腻子，用砂纸打磨光滑，刷底漆、面漆。用丙烯颜料将图案手绘到墙面上。

主要材料：①柚木饰面板　②白色乳胶漆　③丙烯颜料图案

床头背景墙面用水泥砂浆找平，部分墙面用木工板打底，贴装饰面板后刷油漆。剩余墙面满刮腻子，用砂纸打磨光滑，刷底漆、面漆。将订制的木花格固定在墙面上。

主要材料：①木花格　②玻化砖

③橡木饰面板

床头背景墙面用水泥砂浆找平并做防潮处理，将杉木板用气钉固定在墙面上，打磨干净，刷油漆。

主要材料：①杉木板

用木工板做出床头背景墙面上的收边线条，贴装饰面板后刷油漆。用气钉将定制的绒布软包固定在底板上。用玻璃胶将茶镜固定在剩余底板上，完工后用密封胶密封。

主要材料：①软包　②茶镜　③复合实木地板

床头背景用木工板打底并做出床头柜造型，床头柜及部分墙面贴橡木饰面板后刷油漆。用气钉及万能胶将软包固定在底板上。

主要材料：①软包　②橡木饰面板　③复合实木地板

床头背景墙面用水泥砂浆找平，整个墙面满刮腻子，用砂纸打磨光滑，刷一层基膜，用环保白乳胶配合专业壁纸粉将壁纸固定在墙面上，安装踢脚线。

主要材料：①壁纸　②复合实木地板　③白色乳胶漆

床头背景墙用水泥砂浆找平，整个墙面满刮腻子，用砂纸打磨光滑，刷一层基膜后贴壁纸，安装踢脚线。用螺钉及万能胶将订制的通花板固定在墙面和吊顶上。

主要材料：①壁纸　②白色乳胶漆　③通花板

床头背景墙面用木工板打底做出灯槽结构，将复合实木地板用木板钉及胶水固定在底板上，黑镜基层用木工板打底，用粘贴固定的方式将其固定。

主要材料：①复合实木地板　②黑镜　③壁纸

床头背景墙面用水泥砂浆找平，整个墙面满刮腻子，用砂纸打磨光滑，将成品收边实木线条固定在墙面上。部分墙面刷一层基膜，用环保白乳胶配合专业壁纸粉将壁纸固定在墙面上，安装踢脚线。

主要材料：①条纹壁纸 ②白色乳胶漆 ③实木线条

床头背景墙面用水泥砂浆找平，用硅酸钙板做出两侧对称的造型，将实木线条固定在墙面上。整个墙面满刮腻子，用砂纸打磨光滑，刷底漆、有色面漆。刷一层基膜后贴壁纸，装踢脚线。

主要材料：①有色乳胶漆 ②壁纸 ③复合实木地板

床头背景墙面用水泥砂浆找平，软包基层用木工板打底并做出收边线条，收边线条贴装饰面板后刷油漆。剩余墙面满刮腻子，用砂纸打磨光滑，刷一层基膜后贴壁纸。用气钉及万能胶将订制的软包固定在底板上。

主要材料：①软包 ②壁纸 ③白色乳胶漆

床头背景用储物柜装饰，用木工板做出设计图中的柜子造型，贴装饰面板后刷油漆。柜门部分用黑镜装饰，用玻璃胶将黑镜固定在底板材。

主要材料：①白色乳胶漆　②黑镜
③复合实木地板

按照设计图纸，床头背景砌成凹凸弧形造型，用木工板做出层板，贴装饰面板后刷油漆。整个墙面满刮腻子，用砂纸打磨光滑，刷一层基膜后贴壁纸。

主要材料：①壁纸　②白色乳胶漆
③复合实木地板

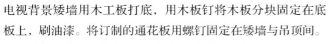

电视背景矮墙用木工板打底，用木板钉将木板分块固定在底板上，刷油漆。将订制的通花板用螺钉固定在矮墙与吊顶间。

主要材料：①复合实木地板　②有色乳胶漆　③通花板

根据设计需求，将床头背景墙面砌成凹凸立体造型，用白水泥将马赛克固定在圆柱上。剩余墙面满刮腻子，用砂纸打磨光滑，刷底漆、面漆，用丙烯颜料将图案手绘到墙面上，安装踢脚线。

主要材料：①丙烯颜料图案　②马赛克　③复合实木地板

背景墙面用水泥砂浆找平,整个墙面满刮腻子,用砂纸打磨光滑,将成品线条用快干粉固定在顶部,墙面刷一层基膜,用环保白乳胶配合专业壁纸粉将壁纸固定在墙面上,安装踢脚线。

主要材料:①壁纸 ②白色乳胶漆 ③复合实木地板

背景墙面用木工板及硅酸钙板做出凹凸造型,软包与茶镜基层用木工板打底。剩余墙面满刮腻子,用砂纸打磨光滑,刷底漆、有色面漆,将成品线条固定在墙面上。用气钉及万能胶固定软包,用玻璃胶固定茶镜。

主要材料:①软包 ②茶镜 ③有色乳胶漆

按照设计需求,用木工板做出灯槽结构,层板用透光板代替,底部贴装饰面板后刷油漆。剩余墙面满刮腻子,用砂纸打磨光滑,刷一层基膜后贴壁纸。

主要材料:①白色乳胶漆 ②壁纸 ③透光板

用硅酸钙板做出床头背景墙面上的凹凸造型。整个墙面满刮腻子,用砂纸打磨光滑,刷底漆、面漆。贴壁纸的墙面施工前刷一层基膜,用环保白乳胶配合专业壁纸粉进行施工,安装踢脚线。

主要材料:①壁纸 ②白色乳胶漆 ③复合实木地板

电视背景墙用木工板做出设计图中造型和隐形门。整个墙面满刮腻子，用砂纸打磨光滑，刷底漆、面漆。部分墙面刷一层基膜后贴壁纸。

主要材料：①壁纸　②实木线条　③白色乳胶漆

用硅酸钙板做出凹凸造型，将成品石膏线条固定在墙面上。整个墙面满刮腻子，用砂纸打磨光滑，刷底漆、面漆，部分墙面刷一层基膜后贴壁纸。

主要材料：①壁纸　②复合实木地板　③白色乳胶漆

卧室床头背景墙面用水泥砂浆找平，部分墙面用木工板打底，固定成品线条，刷油漆。层板帖装饰面板后刷油漆。剩余墙面满刮腻子，用砂纸打磨光滑，刷底漆、有色面漆。

主要材料：①复合实木地板　②橡木饰面板

床头背景墙面用木工板及硅酸钙板做出凹凸造型，固定实木线条。整个墙面满刮三遍腻子，用砂纸打磨光滑，刷底漆、面漆。最后固定踢脚线。

主要材料：①壁纸　②白色乳胶漆　③实木线条

卧室设计与材料 施工详解

床头背景墙面满刮腻子，用砂纸打磨光滑，刷底漆，固定实木线条，刷面漆。最后安装踢脚线。

主要材料：①白色乳胶漆 ②复合实木地板 ③有色乳胶漆

床头背景墙面用水泥砂浆找平，整个墙面用木工板打底。部分墙面贴水曲柳饰面板，刷油漆。清洁好剩余底板，将订制的软包分块固定在墙面上。

主要材料：①软包 ②水曲柳饰面板 ③白色乳胶漆

用硅酸钙板做出床头背景墙面上的灯槽结构，将成品石膏角线条固定在墙面上。剩余墙面用木工板打底，底部墙面满刮腻子，用砂纸打磨光滑，刷底漆、面漆。用气钉及万能胶将软包分块固定在底板上。

主要材料：①软包 ②壁纸 ③石膏角线

床头背景墙面用水泥砂浆找平，将成品实木线条固定在墙面上，刷油漆。剩余墙面满刮腻子，用砂纸打磨光滑，刷底漆、有色面漆。刷一层基膜，用环保白乳胶配合专业壁纸粉将壁纸固定在墙面上。

主要材料：①壁纸 ②有色乳胶漆 ③玻化砖

床头背景墙面用水泥砂浆找平，用木工板做出层板及书桌，贴装饰面板后刷油漆。剩余墙面满刮腻子，用砂纸打磨光滑，刷一层基膜后贴壁纸。

主要材料：①壁纸 ②实木地板 ③白色乳胶漆

床头背景墙面用水泥砂浆找平，将不锈钢条固定在墙面上。整个墙面满刮腻子，用砂纸打磨光滑，刷一层基膜，用环保白乳胶配合专业壁纸粉将壁纸固定在墙面上。

主要材料：①壁纸 ②白色乳胶漆 ③不锈钢条

床头背景墙面用水泥砂浆找平，用地板钉将复合实木地板固定在墙面上。剩余墙面满刮腻子，用砂纸打磨光滑，刷底漆、面漆。

主要材料：①复合实木地板 ②白色乳胶漆 ③实木踢脚线

床头背景墙面用水泥砂浆找平，整个墙面满刮腻子，用砂纸打磨光滑，刷底漆、有色面漆，最后安装踢脚线。

主要材料：①复合实木地板　②有色乳胶漆　③通花板

用木工板做出墙面上的凹凸造型，镜面及软包基层用木工板打底。剩余墙面满刮腻子，用砂纸打磨光滑，刷一层基膜后贴壁纸。用气钉及万能胶将软包分块固定在底板上，用粘贴固定的方式固定灰镜。

主要材料：①软包　②壁纸　③灰镜

背景墙面用水泥砂浆找平，软包基层用木工板打底，用硅酸钙板做出两侧对称造型。剩余墙面满刮腻子，用砂纸打磨光滑，刷底漆、有色面漆，刷一层基膜后贴壁纸。用气钉及胶水将软包固定在底板上。

主要材料：①壁纸　②有色乳胶漆　③软包

电视背景墙用水泥砂浆找平，用木工板做出储物柜造型，贴装饰面板，刷油漆。

主要材料：①白色乳胶漆　②复合实木地板　③装饰面板

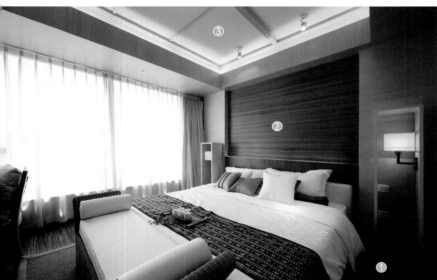

床头背景墙面用软包和壁纸装饰。软包基层
用木工板打底，用气钉及万能胶将其固定在
底板上。剩余墙面满刮腻子，用砂纸打磨光
滑，刷一层基膜后贴壁纸，安装踢脚线。

主要材料：①软包 ②白色乳胶漆 ③壁纸

按照设计图纸在床头背景墙面上弹线，用木
工板做出凹凸造型，两侧贴橡木饰面板后刷
油漆。用地板钉及地板胶将复合实木地板固
定在中间墙面上。

主要材料：①复合实木地板 ②橡木饰面
板 ③白色乳胶漆

床头背景墙面用水泥砂浆
找平，整个墙面用木工板
打底，并做出灯槽结构。
用气钉及万能胶将硬包分
块固定在底板上。用玻璃
胶将银镜固定在剩余底板
上，用密封胶密封。

主要材料：①硬包 ②银
镜 ③白色乳胶漆

背景墙面用水泥砂浆找平，黑镜基层用木工板打底。剩余墙面满刮腻子，用砂纸打磨光滑，刷一层基膜后贴壁纸，安装踢脚线。用粘贴固定的方式将黑镜固定在底板上，用硅酮密封胶密封。

主要材料：①壁纸 ②黑镜 ③复合实木地板

背景墙面用水泥砂浆找平，按设计需求，部分墙面用硅酸钙板，离缝拼贴。用木工板做出窗套线，刷油漆。剩余墙面满刮腻子，用砂纸打磨光滑，刷底漆、面漆，刷一层基膜后贴壁纸。

主要材料：①壁纸 ②白色乳胶漆 ③地毯

床头背景墙面用水泥砂浆找平，用木工板做出窗套，贴装饰面板后刷油漆。剩余墙面满刮三遍腻子，用砂纸打磨光滑，刷一层基膜，用环保白乳胶配合专业壁纸粉将壁纸固定在墙面上，安装踢脚线。

主要材料：①壁纸 ②白色乳胶漆 ③复合实木地板

用木工板在床头背景墙面上做出储物柜造型，贴装饰面板后刷油漆。剩余墙面满刮腻子，用砂纸打磨光滑，刷底漆、有色面漆。

主要材料：①有色乳胶漆　②复合实木地板　③白色乳胶漆

床头背景墙面用水泥砂浆找平，部分墙面用木工板做出层板造型，用白乳胶及气钉将杉木板固定在底板上，刷油漆。剩余墙面满刮腻子，用砂纸打磨光滑，刷一层基膜后贴壁纸。

主要材料：①杉木板　②壁纸

床头背景墙面用水泥砂浆找平，用木板钉将松木板固定在墙面上，完工后用实木线条收边，刷油漆。剩余墙面满刮腻子，用砂纸打磨光滑，刷底漆、有色面漆。

主要材料：①有色乳胶漆　②松木板　③白色乳胶漆

床头背景墙面用水泥砂浆找平，整个墙面防潮处理后用木工板打底，将订制的软包用气钉及万能胶固定在底板上，用粘贴固定的方式将银镜固定在剩余底板上。

主要材料：①壁纸　②银镜　③软包

床头背景墙面用硅酸钙板及木工板做出设计图中对称造型。灰镜基层用木工板打底。剩余墙面满刮腻子，用砂纸打磨光滑，刷底漆、面漆。用玻璃胶将灰镜固定在底板上。

主要材料：①白色乳胶漆 ②灰镜 ③复合实木地板

床头背景墙面用木工板及硅酸钙板做出两侧对称造型，整个墙面满刮腻子，用砂纸打磨光滑，刷底漆、有色面漆。贴壁纸前墙面须刷一层基膜，用环保白乳胶配合专业壁纸粉将壁纸固定在墙面上。

主要材料：①壁纸 ②有色乳胶漆 ③复合实木地板

按设计图将床头背景墙砌成弧形凹凸造型，用木工板做出层板，贴装饰面板后刷油漆。剩余墙面满刮腻子，用砂纸打磨光滑，刷底漆和白色、有色面漆，最后安装实木踢脚线。

主要材料：①白色乳胶漆 ②复合实木地板 ③实木踢脚线

床头背景墙面用水泥砂浆找平，用硅酸钙板离缝拼贴。软包基层用木工板打底。剩余墙面满刮腻子，用砂纸打磨光滑，刷底漆、面漆。用气钉及万能胶将软包固定在墙面上。

主要材料：①白色乳胶漆 ②软包 ③实木地板

床头背景墙用水泥砂浆找平，用木工板打底，贴水曲柳饰面板后刷油漆。顶部墙面满刮腻子，用砂纸打磨光滑，刷底漆、面漆。
主要材料：①有色乳胶漆 ②复合实木地板 ③水曲柳饰面板

按设计图在墙面上弹线，用木工板做出床头背景墙面上的储物柜，贴装饰面板，刷油漆。用玻璃胶将金镜固定在干净的底板上。
主要材料：①白色乳胶漆 ②复合实木地板 ③金镜

床头背景墙面用水泥砂浆找平，用木工板做出化妆台，贴装饰面板后刷油漆。将杉木板固定在墙面上，刷油漆，固定实木收边线条。剩余墙面满刮腻子，用砂纸打磨光滑，刷底漆、有色面漆。
主要材料：①有色乳胶漆 ②复合实木地板 ③杉木板

床头背景墙面用水泥砂浆找平，用硅酸钙板及龙骨做出窗帘盒造型。整个墙面满刮腻子，用砂纸打磨光滑，刷底漆、有色面漆，安装踢脚线。将窗帘固定在吊顶上。
主要材料：①有色乳胶漆 ②复合实木地板 ③白色乳胶漆

背景墙面用水泥砂浆找平并作防潮处理,整个墙面用木工板打底,将定制的软包用气钉及胶水固定在底板上。用玻璃胶将灰镜固定在底板上。

主要材料:①软包 ②灰镜 ③壁纸

用木工板做出床头背景两侧的对称造型,贴橡木饰面板后刷油漆。两侧黑镜基层用木工板打底,用粘贴固定的方式将其固定在底板上。剩余墙面满刮腻子,用砂纸打磨光滑,刷一层基膜后贴壁纸。将成品通花板固定在墙面上。

主要材料:①橡木饰面板 ②黑镜 ③壁纸

床头背景墙面用水泥砂浆找平,整个墙面满刮腻子,用砂纸打磨光滑,刷底漆、白色及有色面漆,安装踢脚线。将订制的通花板用胶水及螺钉固定在墙面上。

主要材料:①复合实木地板 ②有色乳胶漆 ③通花板

床头背景墙面用水泥砂浆找平,整个墙面用木工板打底。用气钉及胶水将软包分块固定在底板上。用粘贴固定的方式将黑镜固定在剩余底板上。

主要材料:①软包 ②黑镜 ③复合实木地板

背景墙面用水泥砂浆找平，用木工板做出储物柜造型，贴装饰面板后刷油漆。剩余墙面满刮腻子，用砂纸打磨光滑，刷底漆、面漆。刷一层基膜后贴壁纸。

主要材料：①壁纸 ②木饰面板 ③复合实木地板

床头背景墙面用壁纸饰面，整个墙面满刮腻子，用砂纸打磨光滑，刷一层基膜，用环保白乳胶配合专业壁纸粉将壁纸固定在墙面上，最后安装踢脚线。

主要材料：①壁纸 ②白色乳胶漆 ③实木地板

用木工板做出床头背景墙面上储物矮柜造型，贴枫木饰面板后刷油漆。剩余墙面满刮腻子，用砂纸打磨光滑，刷底漆、面漆，刷一层基膜后贴壁纸。

主要材料：①壁纸 ②白色乳胶漆 ③复合实木地板

用硅酸钙板及木工板做出床头背景墙面上的灯槽结构及立体造型。剩余墙面满刮腻子，用砂纸打磨光滑，刷底漆、面漆，刷一层基膜后贴壁纸。用气钉及万能胶将订制的软包固定在底板上。

主要材料：①壁纸 ②白色乳胶漆 ③软包

卧室设计与材料 施工详解

床头背景墙面用水泥砂浆找平，整个墙面满刮三遍腻子，用砂纸打磨光滑，刷一层基膜，用环保白乳胶配合专业壁纸粉将壁纸固定在墙面上，安装踢脚线。

主要材料：①壁纸 ②烤漆玻璃 ③白色乳胶漆

按设计图在墙面上弹线，用木工板做出床头背景墙面上的储物柜及床头柜造型，贴斑马木饰面板后刷油漆。剩余墙面满刮腻子，用砂纸打磨光滑，刷一层基膜后贴壁纸。最后安装踢脚线。

主要材料：①壁纸 ②斑马木饰面板 ③复合实木地板

床头背景墙面用硅酸钙板做出凹凸造型，软包基层用木工板打底，将成品石膏线条固定在墙面上。部分墙面满刮腻子，用砂纸打磨光滑，刷底漆、面漆。用气钉将成品软包固定在底板上。

主要材料：①软包 ②白色乳胶漆 ③有色乳胶漆

床头背景墙面用水泥砂浆找平，整个墙面满刮三遍腻子，用砂纸打磨光滑，固定不锈钢收边线条，部分墙面刷底漆、有色面漆。剩余墙面刷一层基膜后贴壁纸。

主要材料：①壁纸　②不锈钢条　③有色乳胶漆

床头背景墙面用硅酸钙板做出凹凸造型。整个墙面满刮腻子，用砂纸打磨光滑，刷底漆、面漆，部分墙面刷一层基膜后贴壁纸，最后安装踢脚线。

主要材料：①壁纸　②白色乳胶漆　③复合实木地板

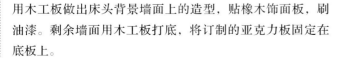

用木工板做出床头背景墙面上的造型，贴橡木饰面板，刷油漆。剩余墙面用木工板打底，将订制的亚克力板固定在底板上。

主要材料：①白色乳胶漆　②橡木饰面板　③亚克力板

用硅酸钙板做出卧室背景与吊顶一体的弧形造型。黑镜基层用木工板打底，黑镜收边线条贴装饰面板后刷油漆。剩余墙面满刮腻子，用砂纸打磨光滑，刷底漆、面漆。用粘贴固定的方式将黑镜固定在底板上，完工后用硅酮密封胶密封。

主要材料：①黑镜　②白色乳胶漆　③复合实木地板

床头背景墙面用水泥砂浆找平，用硅酸钙板在底部墙面打底，离缝拼贴。用木工板做出窗套线，刷油漆。剩余墙面满刮腻子，用砂纸打磨光滑，刷底漆、面漆，部分墙面刷一层基膜后贴壁纸。

主要材料：①壁纸 ②白色乳胶漆 ③地毯

床头背景墙面用水泥砂浆找平。软包基层用木工板打底，将成品实木线条固定在墙面上，刷油漆。剩余墙面满刮腻子，用砂纸打磨光滑，刷底漆、面漆。用气钉及万能胶将订制的软包固定在底板上。

主要材料：①软包 ②白色乳胶漆 ③复合实木地板

床头背景墙面用水泥砂浆找平，用硅酸钙板做出凹凸造型，软包基层用木工板打底，将成品石膏线条固定在墙面上。部分墙面满刮腻子，用砂纸打磨光滑，刷底漆、面漆。用气钉及万能胶将订制的软包固定在底板上。

主要材料：①石膏线条 ②白色乳胶漆 ③软包

床头背景墙面用水泥砂浆找平，将成品石膏线条固定在墙面上。整个墙面满刮腻子，用砂纸打磨光滑，刷底漆、面漆。刷一层基膜，用环保白乳胶配合专业壁纸粉将壁纸固定在墙面上。

主要材料：①白色乳胶漆 ②壁纸 ③复合实木地板

床头背景墙面用水泥砂浆找平，部分墙面用木工板打底。
用玻璃胶将镜面玻璃固定在底板上。用气钉及胶水将订
制的软包固定在剩余底板上。

主要材料：①软包 ②白色乳胶漆 ③玻化砖

用木工板在床头背景墙面上做出灯槽造型，贴橡木饰面板后刷油漆。
用硅酸钙板做出矮台造型。墙面满刮腻子，用砂纸打磨光滑，刷底漆、
面漆。

主要材料：①白色乳胶漆 ②复合实木地板 ③装饰面板

床头背景墙面用水泥砂浆找平，
用木工板做出床头柜，贴装饰
面板后刷油漆。软包基层防潮
处理后用木工板打底，用气钉
及胶水将订制的软包分块固定
在底板上。剩余顶部墙面满刮
腻子，用砂纸打磨光滑，刷底漆、
面漆。

主要材料：①白色乳胶漆 ②软
包 ③复合实木地板

床头背景墙面用水泥砂浆找平，整个墙面
用木工板打底，固定成品木格板。用玻璃
胶将银镜固定在剩余底板上，完工后用密
封胶密封。

主要材料：①银镜 ②壁纸 ③白色乳
胶漆

床头背景墙面用水泥砂浆找平，用木工板做出收边线条，贴装饰面板后刷油漆，银镜基层用木工板打底。剩余墙面满刮腻子，用砂纸打磨光滑，刷一层基膜后贴壁纸。用托压固定的方式固定镜面。

主要材料：①银镜　②壁纸　③白色乳胶漆

床头背景用木工板做出凹凸造型，墙面满刮三遍腻子，用砂纸打磨光滑，刷底漆，固定成品背板，刷面漆。

主要材料：①白色乳胶漆　②实木踢脚线　③复合实木地板

按照设计图在墙面上弹线，用木工板在软包基层打底并做出两侧对称造型，两侧贴橡木饰面板后刷油漆。用气钉及万能胶将订制的软包固定在底板上。

主要材料：①橡木饰面板　②软包　③白色乳胶漆

床头背景墙面用水泥砂浆找平，整个墙面用木工板打底。用气钉及胶水将软包固定在底板上，将成品实木线条固定在软包周围。用托压固定的方式将银镜固定在剩余底板上。

主要材料：①银镜　②软包　③白色乳胶漆

床头背景墙面用水泥砂浆找平，将成品石膏线条固定在墙面上。整个墙面满刮腻子，用砂纸打磨光滑，刷底漆、有色面漆，最后安装踢脚线。

主要材料：①有色乳胶漆 ②白色乳胶漆 ③复合实木地板

用木工板在墙面上打底并做出床头柜造型，贴装饰面板后刷油漆。剩余墙面满刮腻子，用砂纸打磨光滑，用液态壁纸饰面。

主要材料：①白色乳胶漆 ②液态壁纸 ③复合实木地板

床头背景墙面用水泥砂浆找平，整个墙面满刮腻子，用砂纸打磨光滑，刷底漆、面漆，刷一层基膜后贴壁纸。最后安装实木踢脚线。

主要材料：①壁纸 ②白色乳胶漆 ③复合实木地板

床头背景墙面用水泥砂浆找平，用木工板做出储物柜造型，贴装饰面板后刷油漆。剩余墙面满刮三遍腻子，用砂纸打磨光滑，刷一层基膜，用环保白乳胶配合专业壁纸粉将壁纸固定在墙面上。

主要材料：①壁纸 ②白色乳胶漆 ③复合实木地板

用硅酸钙板做出墙面、吊顶成一体的弧形造型及灯槽结构，整个背景墙面满刮三遍腻子，用砂纸打磨光滑，刷底漆、面漆。刷一层基膜后贴壁纸，最后安装实木踢脚线。

主要材料：①壁纸 ②白色乳胶漆 ③高级地毯

床头背景墙面用水泥砂浆找平，用木工板做出收边线条，贴装饰面板后刷油漆。剩余墙面用木工板打底，用玻璃胶将金镜固定在底板上。用气钉及胶水将软包固定在剩余底板上。

主要材料：①金镜 ②软包 ③白色乳胶漆

床头背景墙面用水泥砂浆找平，用木工板及硅酸钙板做出墙面上的凹凸造型。墙面满刮三遍腻子，用砂纸打磨光滑，刷一层基膜后贴壁纸，安装踢脚线。用气钉及胶水将订制的软包固定在底板上。

主要材料：①壁纸 ②白色乳胶漆 ③软包

床头背景墙面用水泥砂浆找平，整个墙面满刮腻子，用砂纸打磨光滑，刷底漆、面漆。贴壁纸前刷一层基膜，用环保白乳胶配合专业壁纸粉进行施工，最后安装踢脚线。

主要材料：①壁纸 ②白色乳胶漆 ③复合实木地板

床头背景墙面用水泥砂浆找平，软包基层用木工板打底，剩余墙面用硅酸钙板打底找平，满刮腻子，用砂纸打磨光滑，刷底漆、面漆。用气钉及万能胶将订制的软包分块固定在底板上。

主要材料：①壁纸 ②软包 ③复合实木地板

床头背景墙面用水泥砂浆找平，整个墙面用木工板打底，用中性高密度玻璃胶将镜面玻璃及镜面马赛克固定在底板上，用硅酮密封胶密封。用气钉及万能胶将订制的软包固定在剩余底板上。

主要材料：①镜面马赛克 ②软包 ③壁纸

床头背景墙面用水泥砂浆找平，用木工板做出灯槽造型，贴水曲柳饰面板后刷油漆。剩余墙面满刮腻子，用砂纸打磨光滑，刷底漆、面漆。

主要材料：①白色乳胶漆 ②复合实木地板 ③水曲柳饰面板

用硅酸钙板在床头背景墙面上离缝拼贴，用木工板做出灯槽造型，两侧用木工板打底，贴装饰面板后刷油漆。剩余墙面满刮腻子，刷底漆、面漆。用丙烯颜料将图案手绘到墙面上，安装踢脚线。

主要材料：①壁纸 ②丙烯颜料图案 ③复合实木地板

用木工板做出床头背景墙面上的储物柜造型，贴装饰面板后刷油漆。剩余墙面满刮腻子，用砂纸打磨光滑，刷底漆、面漆。最后安装实木踢脚线。

主要材料：①白色乳胶漆　②玻化砖
③复合实木地板

用木工板做出床头背景墙面上的储物吊柜及书桌造型，贴装饰面板后刷油漆。剩余墙面满刮腻子，用砂纸打磨光滑，刷底漆、面漆。最后安装实木踢脚线。

主要材料：①白色乳胶漆　②仿古砖

床头背景墙面用水泥砂浆找平，墙面满刮三遍腻子，用砂纸打磨光滑，固定成品实木线条，刷底漆和白色、有色面漆。贴壁纸的墙面施工前需刷一层基膜，用环保乳胶配合专业壁纸粉进行施工。

主要材料：①壁纸　②白色乳胶漆

用木工板做出床头背景墙面上的造型，床头柜及层板贴装饰面板后刷油漆。剩余墙面满刮腻子，用砂纸打磨光滑，刷底漆、有色面漆。用气钉固定软包，用玻璃胶固定银镜。

主要材料：①软包　②银镜　③有色乳胶漆